GUIDE PRATIQUE DES CAPITAINES

EN CAS D'AVARIES

Imprimerie Renault, à Saint-Malo

GUIDE-PRATIQUE

DES CAPITAINES

EN CAS D'AVARIES

PAR FERDINAND HAVET

Dispacheur

SAINT-MALO

ÉMILE RENAULT, IMPRIMEUR, RUE DE DINAN, N° 18

—

1873

PRÉFACE

Mon but en écrivant ce qui suit est d'être utile au commerce en général et à celui de la place de Saint-Malo en particulier, car cet ouvrage est appliqué aux conditions de la Police d'Assurances Maritimes de Saint-Malo.

Dans ce travail, tout pratique, j'ai fait mon possible pour démontrer aux Capitaines leurs devoirs dans les cas les plus susceptibles d'arriver et ce qu'ils doivent faire pour être en règle vis-à-vis des Assureurs.

Pour quelques cas, mes idées sont peut-être en désaccord avec certains arrêtés de la Jurisprudence, mais la Jurisprudence n'est pas non plus toujours d'accord avec elle-même, car on voit des cas d'avaries jugés et classés d'une façon par une cour et d'une autre façon par une autre cour.

Mon désir est donc d'établir pour la place de Saint-Malo un mode uniforme de règlement pour la plupart des cas d'avaries.

Si ce petit volume est agréé par le commerce compétent, tous les Capitaines de notre port en seront munis, et j'ai l'espoir qu'ils se conformeront aux instructions qu'il contient, et que bien des procès et des frais inutiles pourront ainsi être évités.

Chaque cas d'avarie formant un chapitre séparé, les Capitaines devront se reporter à celui traitant le cas où ils se trouvent ; ils pourront, de cette façon, faire leur règlement eux-mêmes, et il y aura moins de ces déceptions qui sont si souvent éprouvées au moment du règlement final.

TRIBUNAL DE COMMERCE
De Saint-Malo

CABINET DU PRÉSIDENT

Saint-Malo, 3 Avril 1873

MONSIEUR,

Vous m'avez fait l'honneur de me communiquer votre travail ayant pour titre : *Guide pratique des Capitaines en cas d'Avaries*.

Je l'ai lu avec soin et j'y ai constaté des indications de nature à diriger utilement les capitaines et les officiers marins dans les divers incidents de leur navigation.

La question des assurances est la plus ardue et la plus délicate de celles qui se présentent dans la gestion des intérêts maritimes ; je vous félicite de l'avoir traitée avec clarté et aussi avec un véritable esprit d'équité.

Votre ouvrage conçu avec méthode est un guide pratique qui devra se trouver dans la main de tous les Capitaines.

Agréez, Monsieur, mes salutations distinguées.

Le Président,

AUGUSTE HOVIUS.

VALEUR AGRÉÉE

Un principe fondamental en matière assurance est celui-ci :

Un contrat d'assurance n'étant qu'un contrat d'indemnité, l'Assurance ne peut être pour l'Assuré qu'un moyen de réparer des pertes et non pas de faire des bénéfices.

En effet, le but que se propose une Assurance quelconque est de remettre, en cas de sinistre, l'Assuré dans la même position qu'avant le sinistre qui l'a frappé.

Ainsi, en cas de sinistre, quelle que soit la valeur à laquelle l'Assuré ait estimé l'objet garanti, il ne peut recevoir des Assureurs que le montant de la perte réelle que le sinistre lui a fait éprouver.

Pour les marchandises, l'Assuré doit, au moyen des connaissements et factures, prouver à l'Assureur l'exactitude de la valeur désignée. L'usage permet d'assurer pour les marchandises 10 0/0 en plus du prix de facture ; cet excédant du prix de valeur représente les frais faits depuis l'achat, transports et droits.

Si on porte une estimation de 50,000 fr. pour un navire qui ne vaut que 40,000 fr., on est exposé aux inconvénients ci-après :

1° En cas d'avaries particulières, la franchise sera de 1,500 fr., au lieu de 1,200 ;

2° En cas d'avaries grosses, elle sera de 500 ou de 1,000 fr., selon que le navire naviguera au Long-Cours ou au Cabotage, au lieu d'être de 400 ou de 800 fr. ; ensuite, les experts chargés d'estimer le navire peuvent tenir compte de l'estimation portée dans la Police, et le taxer à un chiffre plus élevé que s'il était estimé à sa valeur réelle ;

3° En cas d'avaries graves pouvant donner lieu au délaissement, il faudra que le montant des réparations à faire dépasse 37,500 fr., tandis que, sur l'estimation de 40,000 fr., vous pouvez, avec un devis de réparations dépassant 30,000 fr., ne plus régler en avaries.

Voilà les conséquences de l'estimation exagérée en plus.

Si, au contraire, vous portez une estimation de 40,000 fr. pour un navire dont la valeur réelle est de 50,000 fr., c'est avantageux pour vous tant que le navire ne fait que des avaries, puisque vous subissez moins de franchises, mais, s'il y a perte totale, il peut se présenter des difficultés que je vais résumer ici :

1° Si vous êtes l'unique propriétaire du navire, les assureurs vous paieront les 40,000 fr. assurés, mais s'il y a un sauvetage vous n'en recevrez rien, tandis que si vous aviez porté l'estimation réelle, vous recevriez le cinquième ;

2° Si, au lieu d'être seul propriétaire du navire, vous ne l'êtes que pour les 50/100es, il peut arriver ceci :

Vous vous dites : le navire vaut 50,000 fr. et j'en possède la moitié, je vais donc faire assurer 25,000 fr., mais pour avoir moins de franchises à supporter, je vais l'estimer 40,000 fr. dans la police d'assurance.

Le navire se perd, vous remettez les pièces à l'Assureur; celui-ci, quand vous lui donnerez, avec votre acte de délaissement, la copie de l'acte de francisation, vous dira : Votre navire a été estimé par vous-même 40,000 fr., j'ai accepté cette estimation comme exacte, le navire est perdu, les pièces sont en règle, je suis tout prêt à vous payer, mais vous ne pouvez prétendre recevoir les 25,000 fr. assurés, puisque vous ne possédiez que la moitié de 40,000 fr., soit 20,000 fr.

Si vous voulez soutenir que l'estimation de 50,000 fr. est exacte et que vous avez porté 40,000 fr. pour éviter des franchises, l'Assureur vous rappellera que toute réticence ou fausse déclaration entraîne la nullité de l'assurance. Ce qui vous restera à faire sera de recevoir les 20,000 fr. en demandant le résiliement des 5,000 fr. assurés en excédant par erreur.

Votre co-propriétaire, qui aura fait aussi assurer ses 25,000 fr. sur l'estimation réelle de 50,000 fr., recevra la somme entière assurée, sans que les assureurs puissent faire aucune difficulté.

Le mieux est donc de fixer une estimation exacte et de la réduire graduellement, ainsi que la somme assurée, afin que la valeur du navire soit toujours bien représentée.

NOTES ÉLÉMENTAIRES

Si vous avez éprouvé du gros temps dans une traversée, si les pompes ont donné un peu d'eau, et que par suite des fatigues du navire vous craigniez des avaries dans la cargaison, n'oubliez pas en arrivant de faire un rapport dans ce sens et de demander des experts pour l'ouverture des panneaux.

Si les experts reconnaissent des avaries particulières dans la cargaison, et que votre rapport constate que, par suite des événements survenus dans le cours de votre voyage, vous craignez des avaries, vous n'avez rien à y voir.

Si vous avez des avaries particulières au corps, écrivez-le à votre armateur et envoyez-lui :

1° Copie certifiée de votre rapport de mer ;

2° Votre avis personnel sur l'importance et la cause des avaries ; celui-ci s'entendra alors avec les assureurs et vous enverra des instructions.

Si vous êtes capitaine et armateur du navire, adressez-vous aux assureurs ; ceux-ci vous mettront en rapport avec leur agent, vous agirez alors de concert avec lui et serez de cette façon en règle vis-à-vis des assureurs.

Si vous vous trouvez dans un port étranger éloigné des assureurs et que ceux-ci n'aient pas de représentant, adressez-vous au consul de France.

Certains capitaines, quand ils ont éprouvé de légères avaries au loin, croient pouvoir les faire réparer sans avis et ne regardent pas aux frais, pensant que l'Assurance paiera ces dépenses ; c'est une grave erreur qui est préjudiciable principalement à l'armement ; en voici un exemple :

Un navire estimé 40,000 fr., et assuré pour 30,000 fr., fait 1,500 fr. d'avaries matérielles ; avec les frais les dépenses s'élèvent à 2,000 fr. ; le règlement qui sera établi en France admettra environ 1,900 fr. en avaries réductibles du tiers.

Le tiers de 1,900 fr. est donc au compte de l'armement, ci. . . . . 633 fr. »

En plus la franchise 3 % sur 40,000 fr. 1,200 »

Ainsi la contribution de l'armement sera de. . . . . 1,833 fr. »

Et il restera en avaries. . . . . . . 167 »

2,000 fr. »

Sur cette somme de 167 fr. les assureurs paieront 125 fr. prorata incombant aux 30,000 fr. assurés, en admettant toutefois qu'aucune dépense n'aura été rejetée du compte de l'avarie.

Ce réglement soldera donc par une perte de 1,875 fr. pour l'armement, laquelle aura profité aux chantiers étrangers, et très souvent les mêmes réparations auraient été beaucoup mieux faites et à bien meilleur marché au port d'armement.

Cet exemple prouve qu'un capitaine, qui désire sauvegarder l'intérêt de son armateur, doit, autant que possible, éviter des frais qui ne profitent jamais qu'aux courtiers, consuls, experts et constructeurs des ports étrangers.

Cependant, un capitaine ne doit jamais négliger de se mettre en règle ; la meilleure marche à suivre en arrivant dans un port, avec des avaries particulières, est celle-ci :

1° Dans les 24 heures de l'arrivée, faire dépôt du rapport de mer au Consul de France à l'étranger ou au Tribunal de Commerce en France ;

2° Envoyer à l'armateur copie du rapport de mer, avec avis personnel sur les avaries ;

3° Requête au Consul, ou au Tribunal, pour avoir un devis des réparations à faire, dressé par les experts ;

4° Envoyer copie à l'armateur ;

5° Si vous pouvez, avec les moyens du bord, faire des réparations provisoires qui vous permettent d'arriver à votre port d'armement, ou à un port d'Europe, où les réparations pourront être faites à bien meilleur marché, faites-le ; les assureurs vous tiendront compte des dépenses provisoires dont vous justifierez, puisqu'elles auront été faites dans leur intérêt, comme dans celui de l'armement ;

6° Si les communications postales ne sont pas faciles, que vous n'ayez pas reçu d'instructions de votre armateur, et qu'il vous soit impossible de faire des réparations provisoires, à cause de l'importance des avaries, ou du refus des chargeurs de s'en contenter, votre devoir est alors de mettre les travaux de réparation en adjudication.

7° Vos réparations terminées, demandez une nouvelle visite des experts, afin de constater que les travaux ordonnés ont été faits et que le navire est en bon état de navigabilité.

Enfin, vous devrez réunir tout le dossier de l'avarie, les pièces de dépenses acquittées et bien en règle. Certains

Capitaines laissent aux Consuls le soin d'expédier le dossier ; c'est un tort, car les pièces arrivent souvent incomplètes, ce qui est une cause de retard pour le règlement. Il faut emporter tout ou mieux l'expédier par la poste avant de partir, en conservant à bord copie des pièces principales.

Si vous avez réparé vos avaries dans un pays où le cours du change de la monnaie est variable, et que vous avez payé avec les espèces que vous aviez à bord, faites certifier le cours du change par le Consul.

Si vous n'avez pas d'espèces à bord et que vous n'ayez rien reçu pendant les réparations, demandez au Consul l'autorisation de contracter un emprunt à la grosse; si vous ne trouvez pas de prêteurs, demandez l'autorisation de vendre une partie de la cargaison.

Que vous fassiez un emprunt ou que vous vendiez partie de la cargaison, faites-le avec la plus grande publicité possible ; ne le faites pas à bref délai, afin qu'il y ait plus de concurrence, laquelle est naturellement profitable aux intérêts divers placés sous votre sauvegarde.

Toutes vos affaires en règle, votre dossier expédié ou à bord, prenez copie de l'acte de grosse ou du bordereau de vente et expédiez-le de suite à votre armateur afin qu'il en connaisse les conditions le plus tôt possible.

Ces formalités terminées vous pouvez partir, car vous êtes en règle.

AVARIES

DÉFINITION

Les avaries sont de deux classes (Article 399 du Code de Cour) ; elles se divisent en *avaries grosses ou communes* et en *avaries particulières.*

Pour distinguer avec certitude l'avarie grosse de l'avarie particulière, il faut rechercher, d'une part, si les dépenses ou dommages procèdent de la volonté de l'homme, et s'ils ont été faits et soufferts dans l'intérêt commun, ou bien si ces dépenses ou dommages procèdent d'un cas fortuit ayant affecté le navire seul, ou la marchandise seule; après avoir constaté l'origine et le but du dommage, toutes les conséquences du fait de l'homme sont avaries grosses et toutes les conséquences du cas fortuit sont avaries particulières.

Suivant l'article 400 du Code de Commerce, le caractère essentiel de l'avarie grosse doit procéder d'un acte volontaire délibéré pour le salut commun, réel, du navire et de la cargaison.

Suivant l'article 403 du Code de Commerce, l'avarie particulière procède toujours d'un cas fortuit, d'un accident de force majeure que la nécessité a provoqué, mais auquel la volonté de l'homme est étrangère et qui n'affecte que le navire seul ou la marchandise seule, tandis que les avaries grosses doivent être supportées par les marchandises et la moitié du navire et du fret (Article 401) ; les avaries particulières doivent être supportées par le propriétaire de la chose qui a souffert le dommage ou occasionné la dépense (Art. 404).

Pour qu'une dépense soit classée en avarie commune, il ne suffit pas qu'elle procède d'une délibération de l'équipage ou d'un acte volontaire, il faut encore, et surtout, que cet acte et la délibération motivée qui le consacre, s'accomplissent dans des conditions telles qu'elles embrassent tout à la fois le navire et la cargaison.

On ne saurait donc trop recommander aux capitaines d'être sobres dans leurs rapports de mer de déclarations telles que : délibération de l'équipage, salut commun, etc , car quand elles ne sont pas employées pour des cas où elles n'étaient pas absolument nécessaires, elles font passer le capitaine pour un fraudeur qui veut faire payer à la cargaison les réparations d'entretien du navire.

Quand les assureurs ont de mauvaises notes sur un

capitaine, cela peut lui nuire beaucoup pour trouver des frets, car souvent, avant d'affréter un navire, le chargeur s'informe près des assureurs et demande ce qu'ils pensent du navire, du capitaine et quelle prime ils prendront pour assurer la cargaison.

Si le capitaine est mal noté, les assureurs ne manqueront pas d'engager le chargeur à affréter un autre navire ou bien lui demanderont une prime plus élevée ; alors si deux navires se trouvent dans les conditions de tonnage et de cote désirables pour prendre la cargaison, le capitaine sur le compte duquel les assureurs n'auront pas donné de mauvais renseignements aura la préférence du chargeur.

AVARIES GROSSES

Sont avaries grosses :

1° Les choses données à titre de rachat du navire et de la cargaison ;

2° Celles qui sont jetées à la mer ;

3° Les câbles et mâts rompus ou coupés ;

4° Les ancres et chaînes abandonnées pour le salut commun ;

5° Les dommages occasionnés par le jet, aux marchandises restées dans le navire ;

6° Les pansements et nourriture des matelots blessés en défendant le navire ;

7° Les frais de déchargement pour alléger le navire et

entrer dans un hâvre ou rivière pour échapper à l'ennemi ou à la tempête ;

8° Les frais faits pour remettre à flot le navire échoué dans l'intention d'éviter la perte totale ou la prise ;

9° En général, les dommages soufferts volontairement et les défenses faites d'après délibérations motivées pour le bien et le salut commun du navire et des marchandises depuis leur chargement et départ, jusqu'à leur retour et déchargement (Art. 400 du Code de Commerce), suivant ces mots : « En général, les dommages », la Jurisprudence admet en avaries grosses :

1° Les dommages soufferts volontairement pour éviter les abordages ;

2° La perte sur les marchandises vendues pour payer les frais d'une relâche faite dans l'intérêt commun ;

3° Les frais de pompage extraordinaire ;

4° La commission payée au consignataire de la cargaison débarquée ;

5° La déperdition subie par la cargaison dans le déchargement ;

6° La prime d'assurance contre l'incendie pendant le temps du magasinage ;

7° Le change maritime et les frais d'emprunt faits par suite d'avarie grosse;

8° Les frais de sauvetage d'un navire en péril imminent ;

9° Les frais de renflouement d'un navire sous charge ;

Il demeure entendu que, pour les articles 4, 5 et 6, il faut que le déchargement ait été fait dans l'intérêt commun pour qu'ils soient classés en avaries grosses ;

Autrement, s'il avait été fait par suite d'avaries dans la cargaison, pour empêcher le mal de s'aggraver, ces frais seraient avaries particulières à la cargaison ;

Si le déchargement avait été fait dans l'intérêt seul du navire, ces frais devraient rester à son compte.

Pour tous cas d'avaries grosses, le Code de Commerce n'étant qu'énonciatif, je crois nécessaire d'ajouter pour les cas ordinaires des explications puisées dans la Jurisprudence et la pratique.

JET A LA MER

La première et peut-être la plus ordinaire des causes d'avaries grosses est le jet ; le jet peut se faire pour :

1° Alléger le navire et l'empêcher de sombrer ;

2° Echapper à la poursuite de l'ennemi et des pirates ;

3° Relever le navire échoué.

Le jet n'est permis qu'en cas d'extrême nécessité, lorsque la tempête ou la chasse de l'ennemi en fait une obligation forcée; le jet fait sans danger pressant aurait tout le caractère de baraterie de patron.

Quand il y a nécessité de jet, il faut commencer par les objets qui entravent la manœuvre, ensuite par les plus pesants et ceux qui ont le moins de valeur ; aussitôt que possible, le capitaine doit rédiger la délibération du jet, laquelle doit en exprimer les motifs et la liste des objets jetés ou endommagés par suite du jet ; cette délibération doit être signée des délibérants et copiée sur le livre du bord.

Le jet des marchandises ou provisions placées sur le pont ou dans le roufle, ne donne pas lieu à l'action en contribution, mais s'il y a contribution par suite du jet de marchandises ou provisions placées sous le tillac ou dans la dunette, les marchandises placées sur le pont et qui sont sauvées contribueront à l'avarie.

De toutes les choses admises en avaries grosses, le jet est la moins discutable, car, à moins de baraterie, il n'est jamais fait sans absolue nécessité, et c'est toujours pour le salut de tous et de tout.

MATS ROMPUS, EFFETS ABANDONNÉS

Sont avaries grosses :

1° Les agrès coupés pour le salut commun, tombant à la mer, ainsi que la voie d'eau qu'ils ont occasionnée en tombant et les dommages qui peuvent en résulter pour la cargaison ;

2° Les ancres, chaînes et câbles sacrifiés volontairement.

Mais si le mât coupé est déjà brisé en partie par un accident antérieur à la décision de l'abattre, il n'est admis en avarie grosse que la valeur estimée du mât et de ses accessoires, dans leur état, au moment de la décision : l'excédant est avarie particulière.

Quand un capitaine sera dans la nécessité d'abandonner

ses ancres, chaînes ou grélins, il devra, s'il y a possibilité, amarrer dessus une bouée qui en indiquera la place et lui permettra de faire sa réclamation au premier port où il abordera. Sans cette précaution, ces objets trouvés par un autre navire seraient considérés comme sauvetage fait par ce navire.

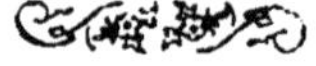

DOMMAGES OCCASIONNÉS PAR LE JET

AUX MARCHANDISES RESTÉES DANS LE NAVIRE

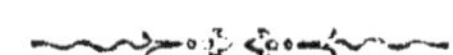

Quand le jet aura été régulier et que le Capitaine se sera mis en règle par la délibération motivée et la liste des objets jetés, le classement et l'appréciation des dommages sera du ressort des experts ; le Capitaine y restant étranger, je n'ai pas à m'en occuper.

PANSEMENTS ET NOURRITURE

DES MATELOTS BLESSÉS

EN DÉFENDANT LE NAVIRE

Si le navire est attaqué par des pirates, ce qui arrive encore quelquefois dans les mers de Chine, le Capitaine devra remettre aux assureurs ou aux experts chargés du règlement de l'avarie grosse :

1° La liste des matelots blessés ;

2° Les quittances des médecins, pharmaciens, hospices, etc.

3° Le rapport de mer affirmé par l'équipage et les passagers, relatant la date, le lieu et les conditions de l'attaque et, si c'est possible, par qui elle a été faite.

FRAIS DE DÉCHARGEMENT

POUR ALLÉGER LE NAVIRE ET ENTRER DANS UN HAVRE OU UNE RIVIÈRE POUR ÉCHAPPER A LA POURSUITE DE L'ENNEMI OU A LA TEMPÊTE.

Le cas est extrêmement rare; si un navire est forcé par la tempête de chercher un refuge dans un port et s'il arrive en rade de ce port à basse mer, il ne pourra faire qu'une chose, mouiller toutes ses ancres et attendre qu'il y ait de l'eau pour entrer dans le port; je crois que quand bien même des alléges seraient mouillés en rade, il y aurait plus de danger, pour le navire et la cargaison, à accoster ou se faire accoster par un allége qu'à se tenir mouillé sur ses ancres.

Il en serait de même dans le cas où un navire serait

forcé de relâcher pour échapper à la poursuite de l'ennemi; il n'y aurait pratiquement que trois alternatives : 1° entrer dans le port s'il y avait de l'eau ; 2° mouiller en rade si la mer était basse; 3° ou choisir le meilleur endroit possible pour faire côte s'il ne pouvait tenir sur ses ancres; enfin, le cas dans lequel se trouverait un navire de fort tonnage bloqué devant un port où il ne pourrait entrer chargé; mais, dans tous ces cas, les avaries ou frais qui seraient faits n'incomberaient pas aux assureurs, la police d'assurance de Saint-Malo ne garantissant pas les risques de guerre.

LES FRAIS

FAITS POUR REMETTRE A FLOT LE NAVIRE ÉCHOUÉ POUR ÉVITER LA PERTE TOTALE OU LA PRISE

Ces frais sont non-seulement classés en avaries grosses, mais suivant la plus grande partie des polices d'assurances, ils ne sont point réductibles.

Par suite de l'échouement volontaire, l'avarie grosse doit payer, en outre, les avaries suivies par la marchandise et les réparations des avaries subies par le navire pendant l'échouement et le renflouement. (Voir ce qui est dit au titre Échouement).

ÉCHOUEMENT

DÉFINITION

L'échouement est l'accident qu'éprouve un navire en allant frapper soit sur un banc de sable, sur un récif ou sur un haut fond sur lequel il reste engagé ; toucher ou talonner et parer n'est pas échouer, quelle que soit la gravité des avaries souffertes en touchant.

Ce qui caractérise l'échouement, c'est le renflouement ; qu'il soit fait au moyen d'assistance étrangère au navire d'alléges ou de remorqueur, ou simplement en allongeant une ancre du navire et virer dessus est toujours un renflouement.

Ainsi un assuré ne pourra jamais rien réclamer aux assureurs, malgré la clause « Sauf les cas d'abordage et d'échouement », si, par exemple, le navire assuré rencontre un navire coulé ou autre écueil, se fait des avaries même graves, et passe sans avoir été complètement arrêté, parce qu'il n'y a là ni abordage, ni échouement.

ÉCHOUEMENT

CLASSIFICATION

L'échouement volontaire, résolu dans l'intention de conjurer un péril imminent, est avarie grosse, quand bien même au moment où l'échouement a été décidé il n'y avait pas de chance de salut par suite d'avaries déjà souffertes ; il suffit que le fait de l'homme ait concouru avec le cas fortuit pour que l'échouement doive être considéré comme volontaire.

Sont avaries grosses par suite d'échouement volontaire :

1° Les dommages soufferts par la cargaison, les dépenses extraordinaires du sauvetage, mise en magasin, transport, magasinage, déperdition de la cargaison, commission de consignataire, prime d'assurance de la cargaison, etc. ;

2° Les frais de renflouement, de remorquage et de réparations des avaries souffertes pendant l'échouement et le renflouement ;

3° Les frais d'emprunt à la grosse, en un mot toutes les pertes, dommages et dépenses provenant directement de l'échouement et faites ou supportées pour le bien et salut commun ;

Dans son rapport de mer, le Capitaine devra noter avec soin :

1° Les avaries subies avant l'échouement ; elles sont avaries particulières ;

2° Celles subies pendant l'échouement, car elles sont avaries grosses ;

3° Enfin celles éprouvées pendant le renflouement, puisqu'elles sont remboursables sans retenue.

La Jurisprudence admet en avarie grosse les frais de renflouement d'un navire sous charge, que l'échouement ait été volontaire ou non.

Dans le cas d'un échouement fortuit et qu'après l'échouement le Capitaine ait manœuvré pour monter plus au plein (ce qui doit toujours se faire quand c'est possible, car le navire entièrement échoué ne court pas autant de dangers que celui qui talonne), ou qu'il n'ait fait aucune manœuvre, si le déchargement est nécessaire pour renflouer le navire, les frais de déchargement, magasinage et autres dépenses ordinairement nécessaires en ces occasions sont avaries grosses.

Les frais de renflouement, remorquage, réparations et autres, faits pour le navire, sont avaries particulières.

Quand un Capitaine aura la certitude de ne pouvoir renflouer son navire sans le décharger, son devoir est d'aller faire, dès qu'il lui est possible, son rapport aux autorités les plus rapprochées du lieu du sinistre et demander les secours nécessaires pour débarquer promptement la cargaison, ensuite aviser son armateur de sa position.

S'il croit possible de renflouer le navire sans le décharger, le Capitaine devra demander les secours des bâtiments de l'État, s'il s'en trouve près du lieu du sinistre, et, à défaut, demander l'aide d'un remorqueur.

Si le navire est bien échoué sur une bonne grève, que le Capitaine ne craigne pas d'avaries dans les œuvres vives, que les pompes fonctionnent sans indiquer de voie d'eau, le renflouement sans débarquer la cargaison est de beaucoup préférable, car le navire ayant toujours une part à payer dans l'avarie grosse, le mieux est d'éviter les frais inutiles.

RELACHES

DÉFINITION

Elles sont avaries grosses ou avaries particulières.

Une relâche faite pour réparer une voie d'eau, pour s'abriter contre la tempête, ou pour réparer des avaries éprouvées pour le salut commun, telles que mâts coupés, ancres abandonnées ou voiles sacrifiées, est avarie commune.

Une relâche faite pour réparer des avaries fortuites, faire de l'eau, des vivres, etc., enfin faite dans l'intérêt du navire, est avarie particulière au navire.

Une relâche faite dans l'intérêt de la cargaison, pour arrêter les progrès du vice propre que le capitaine aurait reconnu, est avarie particulière à la cargaison.

RELACHE PAR VOIE D'EAU

La relâche par voie d'eau est considérée comme avarie commune quand la voie d'eau est trop forte pour permettre au navire d'arriver au port de destination sans avaries graves dans la cargaison ; dans ce cas, les frais de pilotage, de port, de déchargement, de magasinage, d'assurance contre l'incendie, de commission, de rechargement, d'emprunt, consulaires, etc., faits pour la cargaison dans l'intérêt commun, sont avaries grosses.

Les frais d'expertise et bonifications faits pour la cargaison seule, sont avaries particulières à la cargaison.

Mais tous les frais faits pour les réparations ou dans l'intérêt du navire seul sont avaries particulières au navire.

Il est bien entendu que si un navire pouvant faire bonne route et tenir les pompes franches, relâchait sous prétexte de voie d'eau, tous les frais resteraient à son compte, puisqu'il n'y aurait pas eu péril imminent pour la cargaison.

RELACHE

POUR ÉCHAPPER A LA TEMPÊTE

La relâche faite pour s'abriter contre la tempête doit être faite pour échapper à un péril certain ; ainsi un navire se trouvant dans une tempête au vent d'une côte n'a pas la faculté de fuir ; il ne peut que forcer de voiles pour essayer de gagner le large ou relâcher s'il lui est possible d'atteindre un port de refuge. Le forcement de voiles qui expose le navire et la cargaison à de graves avaries est toujours dangereux et incertain, tandis qu'une simple relâche n'occasionne que des frais insignifiants.

Ayant le choix des moyens, il est préférable de relâcher, alors les frais de pilotage, de port, consulaires, sont avaries grosses.

Mais si la relâche n'est pas indispensable, que le navire ne courre pas le péril d'être jeté à la côte, qu'en un mot il éprouve la tempête au large ou sous le vent de la côte, les frais de cette relâche, qui n'est pas faite pour le salut commun, ne peuvent pas être admis en avaries grosses.

AVARIES

ÉPROUVÉES EN RELACHANT

Si en relâchant pour le salut commun, ou non, le navire échoue, cet échouement est fortuit. (Cas expliqué au chapitre ECHOUEMENT).

Si, dans le même cas, un navire en aborde un autre, cet abordage est également fortuit. (Voir le chapitre ABORDAGE FORTUIT).

Enfin, quelles que soient les avaries souffertes par le navire, elles sont particulières, car elles ne sont nullement un résultat nécessaire, ni une conséquence immédiate de la volonté de l'homme.

Le Capitaine objecterait vainement que sans la relâche

il n'aurait pas éprouvé ces avaries ; qu'il s'attendait, entrant de nuit sans pilote dans un port inconnu à faire des avaries. La Jurisprudence est formelle, ces avaries sont une conséquence de la navigation ; le navire ne les a pas éprouvées pour éviter un mal plus grand, puisque, au contraire, il les éprouve malgré lui en cherchant l'abri contre la tempête.

RELACHE

FAITE POUR RÉPARER DES AVARIES COMMUNES

La relâche faite pour réparer des avaries éprouvées pour le salut commun ne peut être classée qu'en avarie grosse, car ces frais ne sont que la suite inévitable du sacrifice. Si un navire a sacrifié partie de ses agrès ou abandonné ses ancres, il ne peut continuer à naviguer dans cet état, puisque le moindre évènement de mer peut amener la perte du corps et de la cargaison ; donc, tous les frais de réparations et remplacement des choses sacrifiées, pilotage, port, consul, etc., ainsi que les frais de déchargement, magasinage, rechargement, prime d'assurance contre l'incendie, commission du consignataire, prime de grosse, etc., sont avaries grosses.

RELACHE

POUR CAUSE D'AVARIES PARTICULIÈRES

Un arrêt de la Cour de Rennes, du 27 juillet 1860, dit :

Si un navire gravement endommagé par suite d'abordage ne peut continuer son voyage sans être réparé, le déchargement, l'emmagasinage et le rechargement de la cargaison n'ayant d'autre cause que la nécessité des réparations, constituent des avaries particulières au compte du navire.

Si cet arrêt était toujours suivi il serait préjudiciable dans bien des cas à la cargaison. Supposons un navire en rade : ce navire qui est expédié, qui a quitté le port, a par conséquent commencé son voyage, c'est seulement le mauvais temps ou le vent contraire qui l'empêche de continuer sa route ; que ce navire soit abordé fortuitement et reçoive des avaries qui ne soient pas assez graves pour l'empêcher d'achever le voyage, mais qui peuvent mettre la cargaison en péril, que fera le Capitaine s'il voit qu'une relâche et tous les frais qui l'accompagnent, incomberont entièrement au navire ? Il partira malgré ses avaries et débarquera sa cargaison plus ou moins avariée ; de cette façon, la cargaison aura subi une perte beaucoup plus considérable que si elle avait contribué à des frais faits principalement pour elle, puisqu'elle seule était en danger.

Il est vrai que le Capitaine qui reçoit un fret pour transporter la cargaison, doit lui consacrer tous les soins désirables et que, si pour un temps, le navire ne présente pas de sécurité pour elle, il est tenu de la loger en lieu sûr.

Mais, dans la pratique des choses, je crois plus avantageux pour les chargeurs, réceptionnaires ou assureurs de la cargaison, de régler les avaries sur les bases suivantes :

Quand un navire aura subi des avaries particulières, abordages ou autres, si c'est par abordage et qu'il soit fortuit, que le navire soit à l'ancre, en rade ou en route, il sera du devoir du Capitaine de relâcher s'il reconnaît qu'il y a péril pour la cargaison à continuer le voyage.

Alors les frais de remorquage, port, pilotage, déchargement, magasinage, rechargement, consignataire, etc., seront classés en avaries grosses.

Les frais de réparations et autres faits pour le navire restent au compte du navire.

Si au déchargement on reconnaît partie de la cargaison avariée, les frais d'expertise et bonifications restent au compte de la partie du chargement qui a souffert ces avaries ou occasionné ces dépenses.

A l'appui de mon classement des frais de déchargement, je ferai remarquer que :

La cargaison qui reste à bord d'un navire pendant les réparations est très susceptible d'éprouver des dommages, principalement si les avaries du navire proviennent d'un abordage ; alors, presque toujours pendant le changement des pièces de charpente endommagées, il est nécessaire de travailler dans l'intérieur du navire, de piétiner souvent sur le chargement ; ensuite, les réparations d'un navire sous charge sont plus longues et si le chargement est d'une nature très-périssable, comme les grains, morues et principalement les marchandises désignées à l'article 20 de la police d'assurance, les pertes éprouvées par les réparations elles-mêmes et par le retard dans le voyage peuvent être énormes pour la cargaison.

Le navire a intérêt, lui aussi, quoique dans une proportion moins grande, à faire ses réparations à vide, car elles sont plus faciles, moins longues, souvent moins coûteuses, en outre, un navire chargé peut fatiguer sur une cale sèche.

4

Dans ce cas, l'intérêt du navire et de la cargaison étant le même, je crois, comme je l'ai dit plus haut, qu'il serait plus équitable pour les intéressés de classer les frais de déchargement en avaries grosses.

Si les avaries éprouvées par le navire ne mettent pas la cargaison en péril, que les réparations puissent se faire sans que le chargement en souffre, mais que, dans l'intérêt du navire qui pourrait craindre une trop grande fatigue en faisant ses réparations sous charge, on débarque la cargaison, les frais faits dans ces conditions doivent être entièrement supportés par le navire, puisque son intérêt seul les aura commandés.

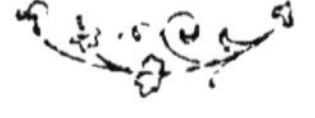

RELACHE DANS UN PORT ANGLAIS

Si un Capitaine est forcé d'entrer en relâche dans un port anglais avec des avaries visibles, qu'il n'accepte pas, à moins de péril imminent, et s'il se trouve dans les limites du pilotage, les secours des pilotes, pratiques ou pêcheurs anglais, car souvent, quoique n'ayant rien fait, ils prétendent avoir sauvé le navire et réclament, non pas un droit de pilotage, mais un droit de sauvetage.

Et même, dans les limites du pilotage, que le Capitaine relâchant avec des avaries ne laisse jamais embarquer qu'un seul homme ; car, malgré toutes les conventions qu'il aurait pu faire avec le pilote, il sera forcé de payer un prix exhorbitant pour le prétendu secours qui lui aura été prêté et surtout s'il éprouve du gros temps pendant la présence des Anglais à son bord.

FORCEMENT DE VOILES

Le forcement de voiles devient un fait exceptionnel et donne lieu à contribution, comme étant en dehors des chances habituelles de la navigation, quand il y a :

1° Danger imminent ;

2° Délibération décidant le forcement ;

3° Manœuvre caractérisée de forcement ;

4° Pertes et dommages qui sont la conséquence immédiate du forcement.

Il n'y a de forcement de voiles, constituant un sacrifice volontaire dont les conséquences doivent être admises en avaries grosses, que celui qui est impérieusement commandé par le danger imminent d'être jeté à la côte ou sur des écueils.

Un forcement de voiles qui n'est justifié ni par la position du navire, ni par celle du danger qu'il courait, n'est qu'une manœuvre ordinaire de navigation et les avaries qui en résultent sont particulières au navire.

Le forcement de voiles n'est encore qu'une avarie particulière dans les cas suivants :

1° Lorsque cette manœuvre faite sans déviation de la route était la seule raisonnablement praticable pour continuer le voyage et entrer au port de destination ;

2° Lorsque le forcement est la suite d'une force majeure survenue pendant l'exécution d'une manœuvre opérée pour le salut commun ;

3° Lorsqu'il est fait pour maintenir le navire dans sa position ;

4° Lorsqu'il n'est pas indispensable pour s'éloigner de la côte, ou que la distance de la côte n'est pas indiquée dans la délibération ;

5° Lorsqu'il n'est pas prouvé que le forcement était la seule manœuvre possible pour éviter la perte du navire et de la cargaison.

Le résumé de ce qui précède consiste en ce que :

Le forcement de voiles constitue une avarie grosse quand il a été fait en cas d'absolue nécessité ; quand, pour échapper à un péril imminent, le navire a couru le risque de sombrer sous voiles ou de démâter, ce qui n'arrive que lorsqu'un navire est affalé sous une côte dangereuse, qu'alors dans l'intérêt de la vie des hommes, du salut du navire et de la cargaison, il porte tout ce qu'il peut de toile pour doubler une pointe ou s'élever au vent de la côte ; alors les voiles défoncées, ainsi que la fatigue extraordinaire éprouvée par le navire, sont classées en avaries grosses.

Quand le forcement de voiles n'est pas le seul moyen de salut ; qu'il se produit dans des conditions ordinaires, n'exposant la mâture, la voilure et la coque qu'à une fatigue ordinaire, que le navire fait sa route sans péril imminent à éviter, le forcement de voiles ne constitue qu'une manœuvre ordinaire de navigation. Il est de l'emploi des voiles comme de celui de tous les objets du bord; le navire, pour transporter la cargaison, reçoit un fret qui compense la détérioration du corps, ainsi que celle des agrès et apparaux.

Ainsi, avant de déclarer dans son rapport de mer qu'il a forcé de voiles pour le salut commun, le Capitaine devra bien réfléchir à la position dans laquelle s'est trouvé son navire, car s'il n'y a pas eu forcement réel et indispensable, il passera pour un fraudeur qui veut faire payer à la cargaison les réparations d'entretien du navire.

AVARIES PARTICULIÈRES

DÉFINITION

Sont avaries particulières, les dépenses ou dommages soufferts par le navire seul ou les marchandises seules ; elles sont supportées ou payées par le propriétaire de la chose qui a éprouvé le dommage ou occasionné la dépense. (Article 404 du Code de Commerce).

Les avaries particulières ont pour caractère distinctif d'être le résultat d'une cause purement fortuite ou d'un événement de force majeure.

Les avaries particulières consistent dans des dommages survenus pendant la traversée, au navire ou à la cargaison, autrement que par l'usure naturelle du navire ou le vice propre de la marchandise.

ABORDAGE

DÉFINITION

En droit maritime et dans le sens juridique de l'article 407 du Code de Commerce, l'abordage est le choc de navires l'un contre l'autre.

L'abordage est causé soit par faute, maladresse, imprudence, négligence ou incurie ; soit par la force des vents, tempêtes, fausses manœuvres, lorsque les navires chassent sur leurs ancres et principalement par les brumes.

Il n'y a pas abordage quand un navire se heurte contre un ouvrage à demeure non destiné à la navigation ; par exemple, contre un ponton, fût-il établi sur la coque d'un ancien navire.

En cas d'abordage de navires, si l'évènement a été purement fortuit, le dommage est supporté par celui qui l'a éprouvé.

Si le dommage est arrivé par la faute de l'un des Capitaines, le dommage est payé par celui qui l'a causé.

S'il y a doute dans les causes de l'abordage, les dommages éprouvés par l'un comme par l'autre sont réparés à frais communs, et par égales portions, par les navires qui l'ont fait et souffert ; dans ces deux derniers cas, l'estimation des dommages est faite par experts. (Article 407 du Code de Commerce).

Jusqu'à preuve du contraire, tout abordage étant présumé fortuit, c'est à celui qui a souffert des dommages à prouver la faute de celui qui les a occasionnés.

En cas d'abordage fautif, ce ne sont pas les choses seules qui sont frappées de responsabilité, mais les personnes en faute. Dans ce cas, le dommage à réparer ne comprend pas seulement celui éprouvé par le corps et les agrès du navire, mais il comprend, en outre, les frais de remorquage, d'entrée et sortie du port de relâche, les droits de navigation et de douane, les frais de renflouement du navire, tous ceux faits pour la marchandise, la nourriture et les gages de l'équipage depuis le jour de l'évènement jusqu'à celui où le navire est prêt à reprendre la mer ; la dépréciation subie par la cargaison, l'indemnité de chômage pour le navire ; en un mot, toutes les dépenses provenant de l'abordage et qui en sont les conséquences.

Les frais de retard doivent être comptés pour gages et nourriture de l'équipage et chômage du navire à raison de 0 fr. 50 par tonneau de jauge et par jour.

En cas d'abordage fortuit ou douteux, la perte des marchandises ou les dépenses faites pour leur conservation regardent exclusivement les propriétaires du chargement.

ABORDAGE

Plus des trois quarts des avaries particulières proviennent d'abordages en Manche, Mer du Nord et Baltique.

Malgré que les lois maritimes de toutes les grandes nations du littoral soient formelles à cet égard, on rencontre trop souvent, malheureusement, des navires naviguant sans feux; ces Capitaines, très coupables par imprudence, devraient se rappeler que leur vie, celle de l'équipage et la conservation des intérêts sous leur sauvegarde dépendent beaucoup des feux de position, principalement sur les attérages ; naviguant sans feux on est exposé à rencontrer un grand navire, voilier ou à vapeur, qui n'entend pas les cris, cloches, cornets, etc.: vous avez l'avantage de le voir de loin, c'est vrai, mais près d'une côte, il n'est pas facile quelquefois de l'éviter.

alors vous êtes coulé ou gravement avarié sans avoir de réclamation à faire à ce navire ; vous êtes non seulement en faute, mais encore responsable des avaries que vous lui avez fait éprouver et des dommages que peut supporter votre cargaison par suite de l'abordage.

Si vous êtes sans feux tous deux et que vous couriez de façon à vous rencontrer, l'abordage est à peu près inévitable : étant en faute tous deux, chacun paie ses avaries.

Les journaux maritimes relatent journellement des faits d'abordages qui occasionnent, non seulement des sinistres déplorables sous le rapport des intérêts, mais encore malheureusement de nombreuses pertes d'hommes.

La perspective de se noyer ou du moins de faire de graves avaries devrait faire réfléchir les imprudents et les empêcher de naviguer sans feux.

Il arrive souvent en Manche que, naviguant au plus près ou tribord amures, vos feux en place, vous voyez un navire courant grand largue ou tribord amures, continuer sa route et ne faire aucune manœuvre pour éviter l'abordage; le parti le plus sage, dans ce cas, est de céder le passage, car vous pouvez être certain que ce navire irait aussi bien se jeter sur un caillou que sur vous : les hommes de quart dorment et le navire navigue à l'aventure. N'ayez donc aucune fausse honte, cédez le passage, et les intéressés au navire vous seront reconnaissants de l'esprit que vous aurez montré.

Si malgré tout vous êtes abordé, n'oubliez pas en arrivant au premier port, soit de relâche, soit de destination, de faire :

1° Votre rapport de mer et protestation dans les 24 heures ;

2° Notification au Capitaine abordeur ou à défaut au Consul de France ou au Maire à l'étranger, à tous Tribunaux de commerce ou de paix, ainsi qu'au Maire en France. Cette notification doit aussi être faite dans les 24 heures;

3° Demande en justice dans le mois de la date.

Faute d'avoir rempli à temps ces formalités, vous perdez tout recours contre l'abordeur.

Si vous êtes abordé par un navire anglais et que vous entriez en relâche dans un port de cette nation, faites votre possible pour obtenir un arrangement amiable si vous avez affaire à un voilier, mais si vous avez été abordé par un vapeur et que vous soyez en règle, maintenez énergiquement vos réclamations, car la loi anglaise est d'une juste sévérité envers les vapeurs ; mais qu'il soit voilier ou vapeur, si l'abordeur est entré dans un port anglais, réclamez de suite son arrestation ; c'est le meilleur moyen pour arriver à un règlement.

Si vous êtes abordé en Manche, et que vous soyez obligé de relâcher, faites votre possible pour le faire en France ;

mais quel que soit le lieu de la relâche, aussitôt après avoir fait protêt et notification, demandez des instructions à votre armateur.

Il n'est pas superflu, je crois, de rappeler ici le décret du 25 octobre 1862, relatif aux feux et à la route ; en voici la teneur :

Les feux mentionnés aux articles suivants doivent être portés à l'exclusion de tous autres, par tous les temps, entre le coucher et le lever du soleil.

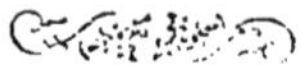

FEUX DE POSITION

Les navires à vapeur, lorsqu'ils sont en marche, portent les feux ci-après :

En tête du mât de misaine, un feu blanc placé de manière à fournir un rayonnement uniforme et non interrompu dans tout le parcours d'un arc horizontal de 20 quarts de compas, qui se compte depuis l'avant jusqu'à deux quarts en arrière du travers de chaque bord, et d'une portée telle, qu'il puisse être visible à 5 milles au moins de distance, par une nuit sombre, mais sans brume ; à tribord, un feu vert établi de façon à projeter une lumière uniforme et non interrompue sur un arc horizontal de 10 quarts du compas, qui est compris entre l'avant du navire, et 2 quarts sur l'arrière du navire à tribord, et d'une portée telle, qu'il puisse être visible à 2 milles au moins de distance, par une nuit sombre mais sans brume ; à babord un feu rouge dans les mêmes conditions ; ces feux de côté sont pourvus, en dedans du bord, d'écrans dirigés de l'arrière à l'avant et s'étendant à 0 m. 90 c. en avant de la lumière, afin que le feu vert ne puisse pas être aperçu de babord avant et le feu rouge de tribord avant.

Les navires à vapeur, quand ils remorquent, doivent, indépendamment de leurs feux de côté, porter deux feux blancs verticaux en tête de mât, qui servent à les distinguer ; ces feux sont semblables au feu unique de tête de mât.

Les bâtiments à voiles, lorsqu'ils font route à la voile ou à la remorque, portent les mêmes feux que les bâtiments à vapeur, à l'exception du feu blanc du mât de misaine, dont ils ne doivent jamais faire usage.

Lorsque les bâtiments à voiles sont d'assez faible dimension pour que leurs feux, verts et rouges, ne puissent pas être fixés d'une manière permanente, ces feux sont néanmoins tenus allumés sur le pont à leurs bords respectifs, prêts à être montrés instantanément à tout navire dont on constaterait l'approche, et assez à temps pour prévenir l'abordage; ces fanaux portatifs, pendant cette exhibition, sont tenus en vue autant que possible, et présentés de telle sorte que le feu vert ne puisse jamais être aperçu de babord et le feu rouge de tribord ; les fanaux sont peints extérieurement de la couleur du feu qu'ils contiennent et doivent être pourvus d'écrans convenables.

Les bâtiments tant à voiles qu'à vapeur, mouillés sur une rade, dans un chenal ou sur une ligne fréquentée, portent, du coucher au lever du soleil, un feu blanc placé à une hauteur qui n'excède pas 6 mètres au-dessus du plat bord et projetant une lumière uniforme et non interrompue tout autour de l'horizon à la distance d'au moins un mille.

SIGNAUX EN TEMPS DE BRUME

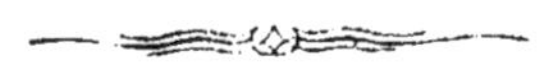

En temps de brume, de jour comme de nuit, les navires font entendre les signaux suivants, toutes les cinq minutes au moins, savoir : les navires à vapeur en marche, le son du sifflet de la machine ; les navires à voiles, en marche, font usage du cornet ; les bâtiments, à vapeur et à voiles, font usage d'une cloche lorsqu'ils ne sont pas en marche.

Depuis la promulgation de ce décret, le nombre des vapeurs a augmenté considérablement, il en a été de même des abordages qui sont de plus en plus fréquents.

C'est en temps de brume principalement que les abordages sont à craindre, et ceux qui arrivent dans ces conditions sont beaucoup plus dangereux que les autres ; cela est facile à comprendre, si un abordage arrive la nuit, neuf fois sur dix c'est par le manque de surveillance. Si les feux sont en place, il est toujours aisé à l'abordeur, à moins de tempête bien forte, de virer de bord pour secourir l'abordé, alors, s'il n'y a pas de mauvais vouloir, les pertes d'hommes sont rares.

Mais en temps de brume, malgré toute la surveillance désirable, il n'est quelquefois pas possible de voir à temps les feux d'un navire pour éviter l'abordage.

La brume est parfois si épaisse en Manche, Mer du Nord et Baltique que l'homme de barre peut à peine distinguer l'avant du navire.

L'équipage d'un bâtiment qui se trouve dans cette position entend bien le sifflet ou le cornet, il sait qu'il se trouve près d'un autre navire, mais de quel bord vient le signal ? Quelle route fait le navire ? Voilà ce qu'on se demande souvent avec anxiété quand on reconnaît le sifflet d'un vapeur.

Il serait donc désirable de voir les nations maritimes adopter des signaux indiquant la route suivie dans les temps de brume.

Quand la brume est épaisse, le vent est faible et les sons s'entendent de loin ; en conséquence, je crois que les signaux ci-après pourraient être employés avec succès et éviter bien des sinistres :

Pour les vapeurs, un coup de sifflet d'avertissement suivi une minute après d'un autre coup prolongé qui indiquerait route du N. O. au N. E., deux coups ; deux coups, route du S. O. au S. E. ; trois coups, route du N. E. au S. E. et quatre coups, route du S. O. au N. O.

Pour les voiliers, un son de cornet d'avertissement suivi une minute après d'un son pour tribord amures ; deux sons pour babord amures et trois sons pour vent arrière.

Dans les parages très fréquentés, ces signaux devraient se répéter toutes les cinq minutes.

Comme signal d'alarme, pour les voiliers ainsi que pour les vapeurs, un tintement prolongé de la cloche indiquerait au navire qui approche qu'on ne peut manœuvrer pour éviter l'abordage ou qu'on a besoin de secours.

Ces signaux, qui sont très simples et très faciles pour tous les navires, seraient, je crois, très utiles à la navigation, surtout dans les parages du Nord.

RÈGLES RELATIVES A LA ROUTE

Si deux navires à voiles se rencontrent, courant l'un sur l'autre, directement ou au plus près, et qu'il y ait risque d'abordage, tous deux viennent sur tribord pour passer à babord l'un de l'autre.

Lorsque deux navires à voiles font des routes qui se croisent et les exposent à un abordage, s'ils ont des amures différentes, le navire qui a les amures à babord manœuvre de manière à ne pas gêner la route de celui qui a le vent de tribord ; toutefois, dans le cas où le bâtiment qui a les amures à babord est au plus près, tandis que l'autre a du largue, celui-ci doit manœuvrer de façon à ne pas gêner celui qui est au plus près ; mais si l'un des deux est vent arrière ou s'ils ont le vent du même bord, le navire qui est vent arrière ou qui aperçoit l'autre sous le vent, manœuvre pour ne pas lui gêner la route.

Si deux navires, l'un à voiles et l'autre sous vapeur, font des routes qui les exposent à s'aborder, le navire sous vapeur manœuvre de manière à ne pas gêner le navire à voiles.

Tout navire qui en dépasse un autre, gouverne de manière à ne pas gêner la route de ce navire.

Lorsque, par suite des règles qui précèdent, l'un des deux bâtiments doit manœuvrer de manière à ne pas gêner l'autre, celui-ci doit faire son possible pour éviter l'abordage.

Rien dans les règles ci-dessus ne saurait affranchir un navire quel qu'il soit, son armateur, son capitaine ou son équipage, des conséquences d'une omission de porter des feux ou signaux, d'un défaut de surveillance convenable, ou, enfin, d'une négligence quelconque des précautions commandées par la pratique ordinaire de la navigation.

PRÉSOMPTIONS DE FAUTES

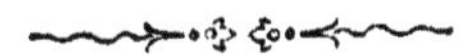

Est réputé en faute :

1° Le navire qui a ses ancres sans bouées pour en indiquer la place ;

2° Le navire mal placé dans le port, mal amarré ou sans gardien ;

3° Le navire qui sort la nuit.

Il y a faute pour un Capitaine :

1° D'entrer dans le port avec une trop grande vitesse ;

2° De ne pas tenir ses ancres parées pour le mouillage afin d'amortir à temps l'air du navire ;

3° De ne pas placer à chaque bossoir un homme prêt à mouiller les ancres au commandement qui est donné.

OBSERVATIONS

Le navire qui sort du port doit faire place à celui qui entre. En cas de concours de deux navires, le plus petit doit céder la place au plus gros.

Lorsque deux navires se présentent pour entrer dans le port, le plus éloigné doit attendre que le plus rapproché soit entré; le navire qui fait route est présumé avoir abordé, par sa faute, celui qui est à la cape ou amarré en rade.

Lorsqu'un navire éprouve, sans faute du Capitaine ou de l'équipage, un dommage quelconque, en se déplaçant pour le salut d'un autre navire qui, sans ce déplacement, aurait été exposé à un accident, le premier doit être indemnisé par le second, puisque c'est dans l'intérêt du second que le premier a manœuvré.

Lorsque deux navires naviguent la nuit en sens opposé et courent à contre-bord, celui qui a changé sa route de manière à couper celle de l'autre est responsable de l'abordage.

Le Capitaine qui reste sur une rade de marée sans affourcher son navire sur ses deux ancres, commet une faute qui le rend responsable des suite d'un abordage, si cet abordage se produit par ce que ce navire n'était mouilllé que sur une ancre.

Est responsable des suites de l'abordage, le Capitaine d'un navire qui, louvoyant sur une rade par un temps de brume, vient heurter un navire à l'ancre.

Le navire qui appareille doit prendre toutes les précautions pour quitter le mouillage sans nuire à ceux qui sont à l'ancre ; s'il survient des avaries le navire partant en est responsable.

OBJETS ENLEVÉS PAR LA MER

Les agrès et apparaux, ainsi que les marchandises dont la place n'est pas sur le pont et qui s'y trouvant sont enlevés par la mer, ne peuvent être l'objet d'aucune réclamation aux assureurs.

Les objets susceptibles d'être enlevés par la mer et dont la place est sur le pont sont les suivants :

1° Les embarcations sur pistolets ou sur le pont ;

2° Les mâts et vergues de rechange qui doivent être bien amarrés en drôme ;

3° Les avirons qui doivent être amarrés dans la chaloupe ou en drôme ;

4° Les pièces à eau et charniers existant à bord des bâtiments pourvus d'une cuisine distillatoire ;

5° Les seaux et barres de guindeau et cabestan ;

6° Les cages à poules ;

7° Les bonnettes et leur gréement sous les latitudes où l'usage en est journalier ; leur place est alors dans la chaloupe ou sur les drômes.

Si un coup de mer enlève d'autres objets, les assureurs n'en sont pas responsables.

CHANGEMENT DE ROUTE

Lorsque le changement de route n'est pas forcé, la présomption est toujours que ce changement a eu lieu par la volonté de l'assuré : c'est à lui à prouver la force majeure à laquelle il a cédé.

Ne sont considérés comme forcés : que les changements qui ont pour causes la crainte d'un naufrage, d'un échouement, ou de tout autre évènement de la même gravité. Peu importe que le nouveau voyage entraîne moins de risques, que la prime ait été moins forte ; bien plus, la nullité de l'assurance remonte au jour de sa date et l'assuré n'a plus aucun droit, alors même que les dommages ont été éprouvés lorsque le navire était encore dans les limites des risques.

Les assureurs sont déchargés de toute responsabilité

par cela seul que le navire a quitté sa ligne. Donc tout changement de route ou de voyage annule l'assurance.

Il y a changement de route du moment que le navire, sans perdre de vue l'endroit de sa destination, prend une route différente de celle qui est directe et usitée, ou bien encore de celle qui est indiquée par le contrat d'assurance.

L'envoi du navire dans un lieu plus ou moins éloigné que celui indiqué dans la police, est encore un changement de route, bien que ce soit sur la même ligne.

Donc il y a changement de voyage lorsqu'il y a changement du lieu de destination.

Ainsi, il arrive souvent que les navires chargeant à Marseille, Cette ou Bordeaux, pour Saint-Malo, font escale à Saint-Brieuc ou à Granville ; dans ce cas, si une assurance est faite sur facture sans indiquer que, suivant le connaissement, le navire doit faire escale, l'assuré n'a droit à aucune réclamation si le navire se perd, car la loi dit formellement que toute réticence dans la déclaration entraîne la nullité de l'assurance.

L'assuré doit donc avoir soin, si la police d'assurance est faite antérieurement à la connaissance de l'escale ou d'un autre changement de route, d'en donner avis à l'assureur et de demander un avenant constatant la déclaration.

Il est bien entendu que relativement aux corps de navires assurés à l'année, tout changement de route ou de voyage ne peut soulever aucune contestation de la part des assureurs, tant que le navire ne sort pas des limites indiquées par la police d'assurance, mais si, pour quelque cause que ce soit, il va au-delà, à moins que ce ne soit par force majeure, les assureurs ne sont pas responsables des risques qui pourraient survenir.

Il est donc bien facile de se mettre en règle en cas de changement de route, puisqu'il n'y a qu'à le déclarer, dès qu'on en a connaissance, en demandant un avenant d'autorisation.

AVARIES PARTICULIÈRES
SUR MARCHANDISES

DÉFINITION

Les assureurs ne répondent que des avaries provenant de fortune de mer ; toute avarie provenant de vice propre reste à la charge de l'assuré.

Les liquides en futailles donnent principalement lieu à bien des réclamations pour manquant ; ces réclamations sont très-souvent faites à tort, car, au moins deux fois sur cinq, les experts constatent que le creux provient du mauvais état des fûts ou du travail du liquide, ce qui n'étant pas évènement de mer est conséquemment vice propre.

Il est bon de rappeler à l'assuré qui pourrait se trouver

dans ce cas, que les frais d'expertise ou autres faits ou occasionnés par lui restent à sa charge, lorsque la franchise d'avarie portée dans la police d'assurance n'est pas atteinte.

Parfois aussi l'avarie provient du mauvais arrimage ; c'est alors le Capitaine qui en est responsable.

Les avaries particulières sur marchandises donnent lieu à deux sortes de règlements ; l'un, pour la marchandise vendue avariée dans un port de relâche, se fait par différence entre le produit net de la vente et la valeur assurée ; l'autre, pour la marchandise arrivée avariée au lieu de destination, se fait par comparaison entre les produits bruts à l'état sain et à l'état d'avarie.

Pour faire mieux comprendre, je vais démontrer ces deux cas par chiffres.

RÈGLEMENT

D'AVARIES

DE MARCHANDISES VENDUES EN RELACHE

150 tonneaux d'orge ont été assurés pour fr. 30,000, soit à raison de fr. 20 les 100 kilogrammes, pour le voyage de Saint-Malo à Plymouth. Dans la traversée, le navire ayant éprouvé des gros temps est forcé de relâcher à Cherbourg afin de réparer une voie d'eau inquiétante pour la cargaison.

Les experts chargés de visiter l'orge constatent :

1° 25 tonneaux entièrement perdus ;

2° 25 tonneaux avariés.

2° Qu'il n'y avait pas de vice propre ;

3° Que 30 tonneaux de morue étaient plus ou moins avariés et qu'il fallait les vendre de suite aux enchères.

La morue fut donc vendue et produisit à 35 fr. les 100 kilogrammes. . . . . 10,500 fr.

La morue saine valait suivant le cours du jour, à Marseille, 70 fr. les 100 kilogs.

Les 100 tonneaux de morue arrivés en bon état auraient produit. . . . . 70,000 fr.
tandis qu'ils n'ont produit que 59,500 fr.

Savoir :

70 tonneaux	à l'état sain valent.	49,000	59,500
30 id.	avariés ont produit.	10,500	

Différence . . . . 10,500 fr.
soit 15 0/0 sur 70,000 fr. valeur totale.

La comparaison entre les produits bruts à l'état sain et à l'état d'avarie donnant un taux de 15 0/0, le règlement à opérer est le suivant :

Règlement :

Le prorata d'avarie est de. 15 0/0

A déduire :

La franchise 10 0/0 (Article 20 de la police d'assurance). 10 0/0

Reste net en avarie . . 5 0/0

En conséquence, les assureurs doivent payer 5 0/0 sur les 60,000 fr. assurés, total : 3,000 fr.

Selon les conventions établies entre assurés et assureurs, certaines marchandises se règlent par séries, ce qui diminue les franchises à supporter par les assurés.

Les marchandises chargées en vrac ne peuvent jouir de cette faveur.

RÈGLEMENT D'AVARIE PARTICULIÈRE SUR CORPS

Dans les règlements d'avaries particulières sur corps de navires, les assureurs ne sont jamais responsables :

1° De la peinture intérieure ou extérieure quand ce n'est pas sur des bois en remplaçant d'autres par suite d'avaries;

2° Du repiquage des hauts après un voyage, et que ce repiquage se fait au port de destination ;

3° De la classification du navire après des avaries ;

4° De l'enlèvement de sur le pont des objets dont ce n'est pas la place ;

5° Des primes d'emprunts à la grosse contractés dans un port de destination ;

6° De l'excédant de poids du doublage neuf sur celui remplacé pour cause d'avaries.

Ne sont pas susceptibles de réduction :

Les frais de consulat, d'expertises, de vacations et commissions diverses, les primes d'emprunt à la grosse, le prix des ancres.

La réduction est de 15 0/0 sur les chaînes.

Toutes les autres dépenses de réparations, remplacements, main d'œuvre, gril, ponton, chantier, etc., se règlent sous déduction du cinquième pour les deux premières années et du tiers pour les années suivantes.

DÉBRIS DES OBJETS REMPLACÉS

Le Capitaine qui, par suite d'avaries, fait changer son doublage en pays étranger, doit recueillir les débris de l'ancien doublage et le remettre aux assureurs ; car ces débris, ainsi que tous ceux provenant d'objets remplacés et admis en avarie, appartiennent aux assureurs ; ils doivent donc être estimés et déduits de la somme à payer par eux. Un Capitaine qui n'en tiendrait pas compte, pourrait être accusé de baraterie.

EXPERTISES

Un Capitaine qui arrive en avaries au lieu de résidence de ses assureurs doit, lui ou son armateur, aviser de suite les assureurs de la position dans laquelle se trouve le navire.

Le Capitaine ne doit pas faire visiter son navire par les experts sans que les assureurs en soient informés, car ils doivent avoir connaissance de tout ce qui se fait, et si une expertise était faite sans leur assentiment, ils seraient en droit de provoquer une contre-expertise.

Tout devis de réparation donné par les experts doit mentionner :

1° Les réparations à faire provenant de vice propre, entretien et toutes dépenses étrangères à l'avarie ;

2° Les réparations d'avaries particulières ;

3° Les réparations d'avaries souffertes pour le salut commun.

Ils doivent noter :

1° La valeur des débris des objets remplacés ;

2° La différence de poids entre l'ancien et le nouveau doublage, clous et feuilles.

Les expertises faites pour marchandises avariées doivent, autant que possible, désigner la cause de l'avarie, car s'il y a vice propre les assureurs ne sont pas responsables.

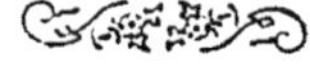

EMPRUNT A LA GROSSE

Un Capitaine n'ayant pas de fonds pour payer ses réparations devra emprunter à la grosse, ou vendre une partie de la cargaison, s'il ne trouve pas de prêteurs. La marche à suivre pour l'emprunt est celle-ci :

Dès que le Capitaine connaît approximativement le montant des dépenses qu'il a à effectuer, il doit adresser au Tribunal de commerce ou au Consul une requête demandant l'autorisation de contracter emprunt. Dans cette requête, il fixe le chiffre approximatif de l'emprunt. Ce chiffre ne doit jamais être susceptible d'augmentation, mais au contraire, quand il n'est pas *déterminé*, le procès-verbal d'emprunt doit être fait *pour la somme de .... x..... susceptible de réduction.*

Le Capitaine doit faire tous ses efforts pour que l'adjudication ait le plus de publicité possible, car la concurrence entre les prêteurs fait naturellement baisser le taux de l'intérêt de l'argent prêté.

Quand la relâche a lieu dans un port avec lequel les communications sont faciles, il est beaucoup à désirer que l'armateur, par ses propres moyens, ou d'accord avec les assureurs, fasse une avance de fonds, *surtout* quand l'emprunt est fait pour cause d'avaries particulières.

L'armateur faisant avances de fonds doit avoir soin de faire assurer ces avances. Dans le règlement d'avaries à intervenir, les assureurs admettent alors en dépenses proportionnelles :

1° La prime d'assurance sur les avances ;

2° Les frais de commission et intérêts payés pour les dites avances.

Il y a avantage pour l'armateur à agir ainsi, car il évite un emprunt presque toujours onéreux, dont une bonne partie reste ordinairement à sa charge.

VENTE

DE MARCHANDISES EN COURS DE VOYAGE

Un Capitaine qui sera dans l'obligation de vendre des marchandises en cours de voyage, pour payer ses dépenses, devra s'enquérir de l'état du marché de l'endroit où il se trouve, afin de savoir quelles sont les marchandises qu'il peut vendre le plus avantageusement. Ce point important connu, il devra adresser requête au Consul demandant l'autorisation de vendre ; donner par le moyen de bannies, affiches, etc., le plus de publicite possible, prendre note exacte des marques, contre-marques, nature, poids, etc., des objets vendus. La vente terminée, le Capitaine devra en faire dresser procès-verbal, approuvé du Consul; ce procès-verbal devra constater le cours du change de la monnaie.

Il peut se faire que cette méthode d'obtenir des fonds donne comme résultat un bénéfice à l'avarie, qui doit rembourser au propriétaire de la chose vendue, le prix de cette chose au cours du marché du jour du lieu de son arrivée à destination, sous déduction des droits et autres frais, ainsi que du fret ; car il peut arriver que les marchandises vendues aient une plus grande valeur au lieu de relâche qu'au lieu de destination ; si, au contraire, les marchandises ont une valeur plus grande au lieu de destination qu'à celui de la vente, la différence reste au compte de l'avarie.

Malgré cette chance de gain, la vente ne doit se faire que si l'emprunt à la grosse n'est pas possible.

FIN DE NON RECEVOIR

Sont non recevables :

1° Toutes actions contre le Capitaine ou les Assureurs pour dommages arrivés à la marchandise si elle a été reçue sans protestation ;

2° Toutes actions contre l'Affréteur pour avaries si le Capitaine a livré la marchandise et reçu son fret sans avoir protesté ;

3° Toutes actions en indemnité pour dommages causés par abordage dans un lieu où le Capitaine a pu agir s'il n'a point fait de réclamation. (Article 435 du Code de commerce).

Ces réclamations et protestations sont nulles si elles ne sont faites et signifiées dans les 24 heures ; et si, dans le mois de leur date, elles ne sont suivies d'une demande en justice. (Article 436 du Code de Commerce).

ACTION EN DÉLAISSEMENT

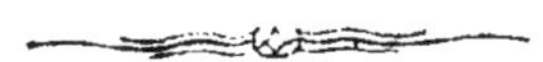

Le délaissement peut être fait dans huit cas, savoir : la prise, le naufrage, l'échouement avec bris, l'innavigabilité par fortune de mer, l'arrêt d'une puissance étrangère, la perte ou détérioration des trois quarts des effets assurés ; enfin, le défaut de nouvelles pendant le temps déterminé par la loi (Code de Commerce, articles 369, 375 et 376).

La Jurisprudence admet, en outre, l'innavigabilité relative qui a lieu lorsqu'il faudrait autant de temps et de dépenses pour réparer le navire que pour en construire un neuf, ou lorsque le Capitaine ne trouve pas, dans le lieu de la relâche, à emprunter, ni aucun moyen de crédit pour faire réparer son navire, ou encore lorsqu'il n'existe dans le lieu de relâche aucune des choses indispensables à la réparation ; mais, si les réparations à faire provenaient de vice propre, il n'y aurait lieu alors qu'à régler en avarie.

Pour qu'il y ait lieu de faire abandon, il faut que le montant de la perte matérielle, y compris la prime d'emprunt qui serait nécessaire pour payer les réparations, dépasse les trois quarts de la valeur agréée du navire; de ce montant la valeur des débris des objets assurés ne peut être déduite.

Ainsi, un navire estimé 80,000 fr. fait des avaries dont le devis s'élève à 55,000 fr., la prime de grosse serait au minimum 10 0/0, soit 5,500 fr.

Total . . . . 60,500 fr., la détérioration des 3/4 serait dépassée de 500 fr., et quand même la valeur du vieux doublage et autres débris s'élèverait à 5,000 fr. l'assuré serait en droit de faire le délaissement.

Les frais de sauvetage, contributions aux avaries grosses, gages et nourriture de l'équipage et autres dépenses dont le navire peut être grevé, par suite de fortune de mer, ne doivent pas entrer dans la composition du compte destiné à établir la détérioration des trois quarts.

Pour faire abandon pour cause d'innavigabilité, il faut fournir à l'appui du délaissement le certificat de visite des experts condamnant le navire.

Beaucoup de Capitaines ont des intérêts dans divers

navires sans figurer à l'acte de francisation; dans ce cas, ils ne peuvent signer le délaissement, car pour abandonner il faut être propriétaire, et celui qui n'est pas porté à l'acte de francisation ne peut être considéré comme tel ; ils devront donc faire opérer le délaissement par celui qui a vendu partie de l'intérêt dont il est propriétaire aux yeux de la loi.

DÉLAISSEMENT

Le délaissement ne peut être ni partiel ni conditionnel ; il faut, quand on délaisse, délaisser tout ou alors l'abandon n'est pas recevable.

Quand l'assuré est dans le cas de délaisser et qu'il fait le délaissement de son navire à ses assureurs, *ce qui n'est pour lui qu'une faculté*, une fois le délaissement fait, signifié et accepté ou déclaré valable, les effets assurés appartiennent à l'assureur à partir de l'époque du délaissement.

Le fret (Article 386 du Code de Commerce), des marchandises sauvées, quand même il aurait été payé d'avance, fait partie du délaissement du navire ; il appartient également à l'assureur, sans préjudice des droits des prêteurs à la grosse, de ceux des matelots pour leur loyer et des frais et dépenses *pendant le voyage*.

Pendant le voyage ne peut s'entendre que depuis le moment où le navire a quitté le port d'où il s'expédie jusqu'à celui de son arrivée à destination, attendu qu'il n'y a voyage que de l'instant où le navire prend la mer ; jusque-là il n'y a que projet de voyage.

Or, les droits de pilotage, feux, amarrage de port, santé, frais d'alléges, d'apparaux, main d'œuvre, de chargement, de courtage et d'affrétement, achat de vivres et rechanges, sont des frais et dépenses que le navire *fait à chaque voyage*, et pour le voyage qu'il va entreprendre, et non pas *pendant* le voyage entrepris.

De ceci il résulte que l'assuré doit rembourser à l'assureur les avances sur fret des marchandises existant à bord lors du sinistre.

ASSISTANCE MARITIME

L'ordonnance de la Marine du mois d'août 1681 exige trois conditions pour l'attribution en cas de naufrage du tiers brut des effets sauvés aux sauveteurs :

1° Que les effets naufragés soient trouvés en pleine mer, c'est-à-dire hors de la vue des côtes ;

2° Que les dits objets aient été abandonnés sans esprit de retour ; qu'en un mot les propriétaires aient renoncé à toute action sur leur propriété ;

3° Que le sauveteur ait réellement sauvé les effets naufragés.

En dehors de ces conditions, il n'y a lieu qu'à indemnité pour assistance maritime.

Le navire, qui sans être entièrement abandonné de son

équipage, mais menacé de perte imminente, est sauvé et ramené dans un port de refuge, doit au sauveteur la récompense du service rendu, indépendamment des frais ; le tout est arbitré par le Tribunal.

Il en est de même d'un navire échoué, renfloué à l'aide d'un remorqueur ; cette assistance ne donne droit qu'à une indemnité proportionnée au service rendu.

Les ancres tirées du fond de la mer appartiennent à celui qui les a pêchées, faute de réclamation dans le délai de deux mois ou de marque flottante indiquant l'abandon forcé.

Les objets trouvés sur le rivage ou près des côtes appartiennent à l'Etat, sauf récompense à ceux qui les ont trouvés et mis en sûreté.

NAUFRAGE

Le naufrage est la perte d'un navire, qui, par fortune de mer ou tout autre évènement, va se briser contre des écueils ou sur une côte, de manière à être détruit en totalité ou en partie et à donner ouverture à l'eau.

Quand le Capitaine est forcé d'abandonner son navire, il est tenu de sauver avec lui l'argent et ce qu'il peut des marchandises les plus précieuses de son chargement, sous peine d'en être responsable personnellement, à moins qu'il n'en soit empêché par force majeure ; il doit enfin chercher à sauver les papiers du navire.

Le Capitaine et l'équipage doivent travailler au sauvetage de la cargaison, afin d'assurer le paiement de leurs gages. Pour cela, ils doivent prendre toutes les mesures nécessaires pour assurer la mise en lieu sûr de ce qui peut être sauvé du navire et de la cargaison.

Quand un naufrage a lieu sur les côtes de France, le

Capitaine n'a qu'à se mettre à la disposition de l'Administration de la Marine qui prend la direction du sauvetage.

Aussitôt leur mise à terre, les marchandises sont mises en dépôt, dans le lieu le plus voisin du sinistre, et confiées à un gardien préposé par l'Administration de la Marine.

Après le déchargement total, il est procédé à la vérification et bonification des objets avariés, par les soins d'experts nommés par le Tribunal.

Bordereau est ensuite dressé de tout ce qui a été sauvé. Si le propriétaire des effets avariés n'est pas représenté, les experts peuvent en ordonner la vente pour qui de droit.

Lorsque le navire ne peut reprendre son chargement, le Capitaine doit chercher à se procurer un autre navire à l'effet de transporter les marchandises à destination s'il veut gagner le fret entier, autrement le fret ne lui serait dù qu'à proportion du voyage avancé, qui se règle alors par le Tribunal de Commerce, à la requête de l'Administration de la Marine.

Le Capitaine qui fait naufrage sur une côte étrangère, doit faire au Consul de France un rapport circonstancié indiquant avec détail le lieu du sinistre, les noms des marins ou passagers qui ont péri, l'état du navire et embarcations qui en dépendaient ; les effets, papiers et sommes qu'il a sauvés, tous les renseignements propres à faciliter le sauvetage du navire et de la cargaison ; il doit énoncer toutes les circonstances telles que les cas de fortune de mer, voie d'eau, incendie, etc., enfin le but ou la cause du naufrage.

Le Capitaine et l'équipage doivent prêter tout le concours désirable pour le sauvetage du navire et de la cargaison, soit au Consul, aux Propriétaires ou Représentants.

En cas d'absence de Consul et de Représentant des Propriétaires, le Capitaine est chargé, après le sauvetage des débris, d'en faire opérer la vente pour le compte de qui de droit.

S'il est sauvé des marchandises en bon état, par exemple dans le cas d'abandon pour cause d'innavigabilité relative, le Capitaine doit fréter un autre navire ou, s'il n'y en a pas, mettre les marchandises en sûreté, pour y rester à attendre un navire pendant 6 mois si l'évènement est arrivé dans les mers d'Europe ; pendant un an au moins, si l'évènement a eu lieu en pays plus éloignés. Si les marchandises sont périssables, les délais ci-dessus sont réduits à un mois et demi pour le premier cas et à trois mois pour le second.

Le Capitaine qui n'est pas tenu de rester à attendre un navire, doit confier son chargement à un consignataire, dont il est responsable ou faire nommer un séquestre par le magistrat du lieu et faire toute diligence possible pour se procurer un navire.

LIQUIDATION DE SAUVETAGE

En cas de sauvetage et vente des débris, le produit de la vente, ainsi que le fret des marchandises qui peuvent être sauvées, doivent d'abord payer les frais de sauvetage, ensuite :

1° Le rapatriement des hommes, ainsi que les dépenses de logement et d'habillement de l'équipage après le sinistre, quand ces dépenses sont ordonnées par l'Administration de la Marine ou le Consul;

2° Les gages de l'équipage comptés depuis le jour où le navire a commencé à prendre charge jusqu'à celui de la perte ou de l'abandon ;

3° La commission du Capitaine sur le fret qui est considéré comme gage ;

4° Rembourser les prêts à la grosse faits *pendant* le voyage dans lequel le navire a péri.

Enfin, le solde revient aux assureurs et intéressés dans le navire qui ne sont pas assurés suivant leur prorata.

Pour les marchandises sauvées, les dépenses du sauvetage des marchandises étant payées, l'excédant est dû aux propriétaires ou assureurs ; mais s'il y a prêt à la grosse sur marchandises, le prêteur est remboursé d'abord.

D'après l'ordonnance de la Marine de 1836, les équipages doivent se rapatrier par les navires à voiles, et il n'est alloué pour ce rapatriement, pour un Capitaine, que 3 fr. par jour.

Si donc un Capitaine se rapatrie par vapeur, l'excédant de dépense est à son compte, à moins qu'il n'y ait pas eu à ce moment de voiliers en destination pour France, et qu'il l'ait fait constater par le Consul.

F^D HAVET.

TABLE

Imprimerie Renault, à Saint-Malo

www.ingramcontent.com/pod-product-compliance
Ingram Content Group UK Ltd.
Pitfield, Milton Keynes, MK11 3LW, UK
UKHW022032170726
13837UKWH00002B/544